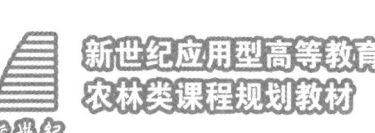

植物组织培养实验指导

新世纪应用型高等教育教材编审委员会 组编

主编 吴翠云
副主编 杨 宇
主审 王新建

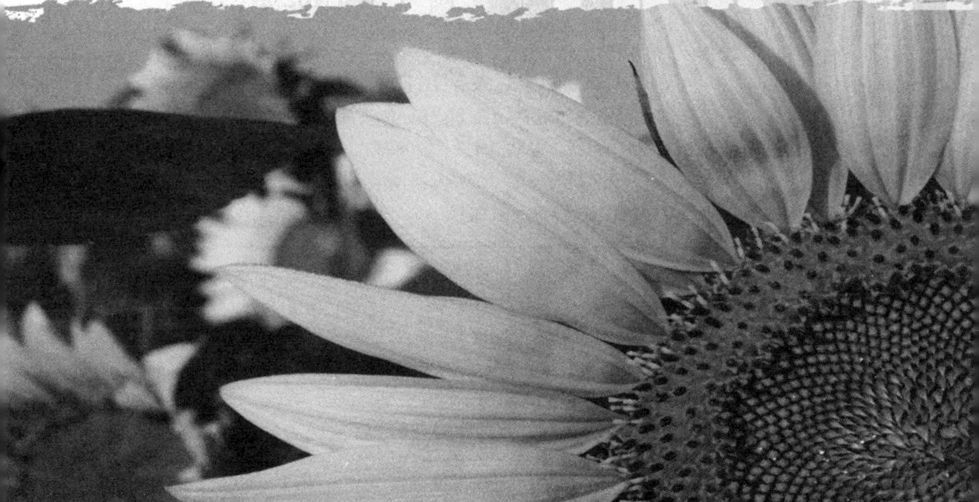

大连理工大学出版社

图书在版编目(CIP)数据

植物组织培养实验指导 / 吴翠云主编. 一大连：大连理工大学出版社，2011.7(2021.8 重印)
新世纪应用型高等教育农林类课程规划教材
ISBN 978-7-5611-6339-9

Ⅰ. ①植… Ⅱ. ①吴… Ⅲ. ①植物－组织培养－实验－高等学校－教学参考资料 Ⅳ. ①Q943.1－33

中国版本图书馆 CIP 数据核字(2011)第 137384 号

大连理工大学出版社出版
地址：大连市软件园路 80 号　邮政编码：116023
发行：0411-84708842　邮购：0411-84708943　传真：0411-84701466
E-mail：dutp@dutp.cn　URL：http://dutp.dlut.edu.cn
辽宁星海彩色印刷有限公司印刷　　大连理工大学出版社发行

幅面尺寸:140mm×203mm	印张:2	字数:54 千字
2011 年 7 月第 1 版		2021 年 8 月第 7 次印刷
责任编辑:陈　畅		责任校对:焉晓明
	封面设计:张　莹	

ISBN 978-7-5611-6339-9　　　　　　　定　价:15.00 元

本书如有印装质量问题,请与我社发行部联系更换。

前 言

《植物组织培养实验指导》是新世纪应用型高等教育教材编审委员会组编的农林类课程规划教材之一。

植物组织培养是植物遗传工程的基础和关键环节之一,也是一项实用性极强的高新技术,已经发展成为植物生产类、草业科学类、森林资源类、生命科学类、环境生态类等各专业本科生的重要课程。《植物组织培养实验指导》是为满足园艺、果树、农学、林学、园林、生命科学、草业科学等各相关专业实践教学要求而编写的,是同植物组织培养课程相配套的实验与实践教材,对培养学生动手能力和创新能力有着重要的作用。

本教材的编写充分考虑了各相关专业的教学要求和实验操作的可执行性。实验内容包括基础实验和综合实验两部分,基础实验以加强学生对植物组织培养的基本操作技术和方法的系统训练为主,综合实验主要锻炼学生综合运用植物组织培养相关知识的能力,增强学生自行开展实验研究的意识,有利于学生分析和解决问题能力的提高。实践教学中可结合各专业特点、教学目的与学时数的要求,以及授课时节的安排,有针对性地选择其中的部分实验。

本教材由吴翠云任主编,杨宇任副主编,何良荣、姜喜、林敏娟参与编写。编写分工如下:吴翠云编写实验一、实验十一及实验十二,杨宇、姜喜编写实验六至实验十、实验十三及实验十四,何良荣、林敏娟负责编写实验二至实验五、实验十五及附录部分。全书由吴翠云统稿。王新建审阅了全部书稿,并提出宝贵意见,在此谨致谢忱。

本教材在编写过程中得到各相关学科教师的大力支持和热情指导,并参阅了有关文献资料,在此一并表示诚挚的感谢!书中难免有疏漏或不妥之处,恳请广大读者给予指正,以便及时修订。

编 者

2011 年 7 月

所有意见和建议请发往:dutpbk@163.com
欢迎访问高教数字化服务平台:http://hep.dutpbook.com
联系电话:0411-84708445　84708462

基础实验

实验一　植物组织培养实验室的功能布局及设计 …………… 1

实验二　实验器皿及器械的洗涤、灭菌及环境消毒 ………… 5

实验三　MS培养基母液的配制与保存 ……………………… 8

实验四　MS培养基的配制与灭菌 …………………………… 13

实验五　外植体的消毒与灭菌 ………………………………… 17

实验六　外植体的无菌操作技术(接种) …………………… 21

实验七　培养物(愈伤组织)的继代培养与分化培养 ……… 24

实验八　无菌试管苗的生根培养 ……………………………… 27

实验九　组培苗的驯化、移栽 ………………………………… 29

实验十　胡萝卜离体根培养 …………………………………… 32

综合实验

实验十一　园艺植物的茎尖、茎段培养及微体快速繁殖技术 …… 34

实验十二　植物的胚培养 ………………………………………… 37

实验十三　马铃薯(或草莓)微茎尖脱毒培养 …………………… 41

实验十四　花药离体培养技术 …………………………………… 44

实验十五　棉花胚性愈伤的诱导及植株再生 …………………… 47

附　　录 …………………………………………………………… 51

参考文献 …………………………………………………………… 57

实验一　植物组织培养实验室的功能布局及设计

一、实验目的

了解植物组织培养实验室的基本结构、功能分区及其设计要求,尤其是无菌操作室的设计要求;并通过实验室基本实验设备、器具等的使用方法介绍,认识实验室中的常用仪器、设备,掌握它们的使用方法。

二、实验原理

植物组织培养是一项技术性较强的工作,对环境条件和技术要求非常严格。由于绝大多数操作程序是在无菌条件下进行的,因此,对环境条件的要求首先是无菌。培养材料的生长发育和分化过程要求具备适宜的光照、温度、湿度等微生态条件,这就要求培养条件应能在一定程度上进行调控。植物组织培养的外植体是植物器官、组织和细胞,操作环节要求严格,不仅要有一整套的技术程序,还要有专门的操作场所和仪器设备。

用于植物组织培养操作的场所称为植物组织培养实验室,简称组培室,是用来进行培养基配制、灭菌、接种和培养的地方。以试管苗规模化生产为目的的大型组织培养实验室也称组培车间或组培工厂。完整的植物组织培养实验室由一组执行不同功能的区间组成,并且按照操作程序设置和排列,一般应由准备室、接种室(无菌操作室)、培养室、驯化室和细胞学观察实验室等构成。

三、实验仪器及用具

超净工作台、空调机、高压灭菌锅、冰箱、人工气候箱、电炉、显微镜、体视显微镜、天平等设备以及各种培养器皿、实验器皿和器械用具。

四、实验方法和步骤

(一)实验参观方法和步骤

1. 由实验指导教师集中介绍组织培养实验室守则及有关注意事项。

2. 由实验指导教师讲解本次实验的目的、要求。

3. 全班同学分成两组进行实验参观,在参观过程中,由任课教师和实验指导教师同时分别带两组学生进行参观并加以讲解。任课教师讲解组织培养实验室的构建情况,包括准备室、无菌操作室(包括缓冲间)、培养室、驯化室及细胞学观察实验室的设计要求以及内部仪器设备的使用方法及功能;实验指导教师讲解准备室的设计及内部各种仪器设备和器皿用具的功能和使用方法。然后两组同学互换参观场所。

(二)实验参观内容

1. 实验室布局要求

标准植物组织培养实验室必须满足三个基本需要,即能够实现实验准备(器皿洗涤、培养基配制、培养基和器皿灭菌)、无菌操作和控制培养。此外,应根据具体实验要求配备各种附加设施,使实验室更加完善。

2. 组织培养实验室各分区及功能

(1)准备室

准备室也称通用实验室,一般由以下几个功能分区组成:

①洗涤室:器皿的洗涤、干燥、消毒及培养材料的清洗。

②药品室:药品的存放及称量,一般应设有药品柜、冰箱、分析天平等。

③配制室:培养基的配制、分装及暂时存放,一般应设有水浴锅、电磁炉、酸度计、存储母液的冰箱以及量筒、量杯、移液管、容量瓶等玻璃器皿。

④灭菌室:器皿、用具、器械、封口材料及培养基等消毒灭菌的场所,设有高压灭菌锅,要有良好的排气装置。

(2)接种室(无菌操作室)

接种室由内、外两间组成,外间是缓冲间,用于准备工作及防止污染,内设紫外灯及衣帽柜,放置工作服、工作帽、拖鞋等;内间为接种间,用于植物材料的消毒、接种,内置超净工作台、移动式载物台、酒精灯以及接种用的小器具。缓冲间和接种间之间最好以玻璃相隔,便于观察和参观,应以滑动门为佳。

(3)培养室

培养室是植物组织培养的场所,内设培养架、摇床及人工气候箱等,并安装排风扇、空调等。

(4)驯化室

驯化室用于组培苗的驯化,其环境条件的控制应介于培养室和移栽温室(大棚)之间。

(5)细胞学观察实验室

细胞学观察实验室中主要进行组织培养材料的组织学、细胞学观察及照相等工作,应设有各种类型的显微镜及照相装置。

(三)常用仪器设备及使用方法

1.超净工作台(水平式和垂直式):用于培养物的无菌操作(由鼓风机、滤板、操作台、紫外灯和照明灯组成)。

2.高压灭菌锅(手提式、立式或卧式):用于进行培养基和器械用具的灭菌,小规模实验室可选用小型手提式高压灭菌锅。

3.恒温培养箱:用于植物材料的培养,其内有温度感受器,控制箱内温度到所调指标。生化培养箱还配有光照装置。

4.电子分析天平和托盘天平:电子分析天平用于称取大量元素、微量元素、维生素、激素等微量药品,其精确度为 0.0001 g;托盘天平用于称取用量较大的糖和琼脂等,其精确度为 0.1 g。天平应放置在干燥、不受震动的天平操作台上。

5.酸度计:使用酸度计前,应用标准液调节定位,然后固定。测量 pH 时,待测液必须充分搅拌均匀。如果培养基温度过高,测量时要调整酸度计上的温度旋钮,使之和培养基温度相当。若无酸度计,也可使用 pH 试纸进行粗测。

6.烘箱:用于干燥洗净的玻璃器皿,也可用于干热灭菌和测定干物重。用于干燥需保持 80～100 ℃;进行干热灭菌需保持 150 ℃以上达 1～3 h。

7.培养架:放置培养材料。

8.紫外灯:杀菌。

9.不锈钢托盘。

10.定时器:控制光照时间。

11.普通冰箱:主要用于贮存母液,各种易变质、易分解的化学药品以及植物材料等。

12.大型工作台:其高度应方便配制工作。

13.药品柜:用于放置常用药品。

14.解剖镜:种类较多,分离微茎尖时可采用双筒实体解剖镜。

五、实验结果与分析

1.完成实验报告并设计一个植物组织培养实验室的组建方案。

2.说明植物组织培养实验室的布局及各个分区的功能。

3.简述高压无菌锅的使用方法。

实验二　实验器皿及器械的洗涤、灭菌及环境消毒

一、实验目的

了解并掌握组织培养用实验器皿及器械的洗涤、灭菌以及环境的消毒方法。

二、实验原理

无菌的环境是植物组织培养成功的前提,因为大多数操作程序要求在无菌条件下进行。因此,实验仪器及器械的清洗、消毒和灭菌是植物组织培养成功的关键,是外植体免受污染的前提。由于灭菌剂的种类不同,所以选择消毒剂时既要考虑良好的消毒、杀菌作用,同时也要易被蒸馏水冲洗掉。

三、实验操作步骤

(一)器皿与用具的洗涤

1. 玻璃器皿的洗涤

新购置的玻璃器皿或多或少都含有游离的碱性物质。使用前要先用1% 稀HCl浸泡一夜,再用肥皂水洗净,清水冲洗后,再用蒸馏水冲洗1次,晾干后备用。用过的玻璃器皿,用清水冲洗,蒸馏水冲洗1次,晾干后备用即可。

对于已被污染的玻璃器皿则必须经高压蒸汽灭菌,倒去残渣,用毛刷刷去瓶壁上的培养液和病斑后,再用清水冲洗干净,蒸馏水冲淋一遍,晾干备用,不可用水直接冲洗,否则会造成培养环境的污染。清洗后的玻璃器皿,瓶壁应透明发亮,内、外壁水膜均一,不

挂水珠。

2.金属用具的洗涤

新购置的金属用具表面上有一层油腻,需擦净油腻后再用热肥皂水洗净,清水冲洗后,擦干备用。用过的金属用具,用清水洗净,擦干备用即可。

3.清洗玻璃器皿的一般步骤

清水洗净→浸入洗衣粉溶液中洗刷→清水反复冲洗→蒸馏水冲淋一遍→烘干备用。

对于较脏玻璃器皿:采用先碱后酸的方法,即用洗衣粉洗刷后冲洗干净→晾干→浸入铬酸洗液(一种强氧化剂,去污能力强,配制方法:重铬酸钾40 g,溶解在500 mL水中,然后徐徐加入450 mL粗制浓硫酸),浸泡时间视器皿的肮脏程度而定→清水反复冲洗干净→蒸馏水淋洗一遍→烘干备用。

对于带有石蜡或胶布的器皿:先将石蜡或胶布除去,再用常规方法洗涤,石蜡用水煮沸数次即可去掉,胶布黏着物则需用洗衣粉液煮沸数小时,再用水冲洗,晾干后浸入洗液,后续步骤同前。

(二)玻璃器皿、用具及环境的灭菌

1.玻璃器皿和用具的灭菌

(1)干热灭菌法

将洗干净并晾干后的培养皿、培养瓶、吸管等玻璃用具和解剖针、解剖刀、镊子等金属器具用纸包好,放进电热烘干箱,当温度升至100 ℃时,启动箱内鼓风机,使电热箱内的温度均匀。当温度升至150 ℃时,定时40 min(或120 ℃定时120 min),即可达到灭菌目的。

(2)高压蒸汽灭菌法

采用高压蒸汽灭菌法即用手提式高压灭菌锅,在$1.216×10^5$ Pa的压力(即1.2个大气压)下保持15~20 min。有些如聚丙烯、聚甲基戊烯等类型的塑料用具也可以进行高温消毒。

(3)灼烧灭菌法

用于无菌操作的镊子、解剖刀等用具除高压蒸汽灭菌外,在接种过程中还常常采用灼烧灭菌,将镊子、解剖刀等从浸入的95%酒精中取出,置于酒精灯火焰上灼烧,借助于酒精瞬间燃烧产生的高热来达到杀菌目的。操作过程中要反复浸泡、灼烧、放凉、使用,操作完毕后,用具应擦拭干净后再放置。

2. 环境的灭菌

(1)地面、墙壁和工作台的灭菌

每次使用前,将配好的20%新洁尔灭(苯扎溴铵)溶液倒入喷雾器中,对接种室地面、墙壁、角落均匀地喷雾。在喷房顶时,注意不要让药液滴入眼睛。然后开启紫外灯,照射15~30 min,一般紫外线消毒后不要立即进入室内,应在关闭紫外灯15~20 min后进入室内。

(2)无菌室和培养室的灭菌

首先将房子关闭,定期用2:1的甲醛和高锰酸钾熏蒸灭菌24 h或用70%的酒精或0.5%苯酚喷雾降尘和消毒。操作时要戴好口罩和手套,用甲醛与高锰酸钾配比时要注意避开烟雾,封闭消毒期间不宜进入消毒空间。

三、实验结果与分析

1. 完成实验报告。
2. 简述玻璃器皿和用具的灭菌方法。

实验三　MS 培养基母液的配制与保存

一、实验目的

学习 MS 培养基母液的配制与保存,掌握培养基母液浓度的换算、配制与保存方法。

二、实验原理

培养基制备之前,为了使用方便和用量准确,常常将大量元素、微量元素、铁盐、有机物类、激素类分别配制成高浓度的母液。当制备培养基时,只需要按预先计算好的使用量吸取母液稀释即可。

三、实验仪器、用具及试剂

(一) 实验仪器、器皿及用具

电子天平(感量为 0.0001 g、0.01 g)、烧杯(1000 mL、100 mL、50 mL)、量筒(1000 mL、100 mL、50 mL)、容量瓶(1000 mL、500 mL、200 mL、100 mL、50 mL)、棕色或白色广口瓶(1000 mL、500 mL、200 mL、100 mL)、药匙、玻璃棒、称量纸、标签、冰箱。

(二)试剂

MS 培养基所需各种试剂、IAA、IBA、NAA、6-BA、2,4-D、GA-3、KT、蒸馏水、重蒸馏水。

四、实验步骤与方法

培养基母液的配制是按所使用药品的类别,分别配成大量元素、微量元素、钙盐、铁盐和维生素类等。配制培养基母液时特别要注意无机盐成分在一起可能产生的化学反应,如 Ca^{2+} 和 SO_4^{2-},Ca^{2+} 和 PO_4^{3-} 一起溶解后,会产生硫酸钙或磷酸钙沉淀,因此它们应分别配制和保存。

配制培养基母液时要用双重蒸馏水等纯度较高的水,药品应采用化学纯或分析纯,药品的称量及定容都要准确,各种药品先以少量蒸馏水使其充分溶解,然后按培养基上的排列顺序混合。

现以 MS 培养基(Murashige 和 Skoog,1962)为例叙述如下:

(一)大量元素母液(浓缩 10 倍)的配制

MS 培养基配方中大量元素共有 5 种(表 3-1),按照培养基配方的用量,各种化合物用量扩大 10 倍,用电子天平分别称好,分别用 50 mL 烧杯称量,加 30~40 mL 蒸馏水溶解。5 种化合物分别充分溶解后,按顺序混合定容在 1000 mL 量筒中,注意在混合定容时,一定要最后加入氯化钙,因为氯化钙会与磷酸二氢钾形成磷酸三钙、磷酸钙等沉淀(也可将钙盐与镁盐单独配成母液存放),将配好的定容溶液倒入 1000 mL 广口瓶中,贴好标签,保存于冰箱的冷藏室中。

配置培养基时,每配 1 L 培养基取此母液 100 mL。

表 3-1   大量元素的称量及定容

化合物名称	培养基配方用量/ (mg/L)	扩大 10 倍称量/ mg
KNO_3	1900	19000
NH_4NO_3	1650	16500
$MgSO_4 \cdot 7H_2O$(无水 $MgSO_4$)	370(190)	3700(1900)
KH_2PO_4	170	1700
$CaCl_2 \cdot 2H_2O$(无水 $CaCl_2$)	440(330)	4400(3300)

(二)微量元素母液(浓缩100倍)的配制

MS 培养基配方中微量元素共有7种(表3-2),按表中称取用量,用感量为 0.0001 g 电子天平,分别称取后,均放入 1000 mL 的烧杯中,加蒸馏水溶解,然后定容到 1 L 容量瓶。贴好标签,放入冰箱保存。

配置培养基时,每配制 1 L 培养基取此母液 10 mL。

表 3-2　　　　　　　　微量元素的称量及定容

化合物名称	培养基配方用量/(mg/L)	扩大100倍称量/mg
$MnSO_4 \cdot 4H_2O$ ($MnSO_4 \cdot H_2O$)	22.3(16.9)	2230(1690)
$ZnSO_4 \cdot 7H_2O$	8.6	860
$CuSO_4 \cdot 5H_2O$	0.025	2.5
H_3BO_3	6.2	620
$Na_2MoO_4 \cdot 2H_2O$	0.25	25
KI	0.83	83
$CoCl_2 \cdot 6H_2O$	0.025	2.5

(三)铁盐母液(浓缩200倍)的配制

目前常用的铁盐是硫酸亚铁和乙二胺四乙酸二钠的螯合物,必须单独配成母液。这种螯合物使用方便,比较稳定,又不易产生沉淀。其配制方法是:用感量为 0.01 g 的电子天平称取硫酸亚铁 2.78 g 和乙二胺四乙酸二钠 3.73 g,分别溶解在 200 mL 蒸馏水中,两种溶液混合定容至 500 mL,用棕色广口瓶盛装,贴标签,放入冰箱保存。

注意:两种盐用热水分别溶解,然后混合,放置于室温下 10 h 以上,观察是否有沉淀产生,无沉淀才能使用。

实训三　MS培养基母液的配制与保存

配置培养基时,每配制1 L培养基取此母液5 mL。

(四)有机物母液(浓缩100倍)的配制

在MS培养基中,有机物配方成分有维生素和氨基酸(表3-3)。按表3-3中的用量用电子天平进行称量,分别溶解,混合定容至100 mL。贴标签,放入冰箱保存。

配置培养基时,每配制1 L培养基取此母液10 mL。

表3-3　　　　　　　　有机物母液的称量

化合物名称	培养基配方用量/(mg/L)	扩大100倍称量/mg
维生素B_1(盐酸硫胺素)	0.1	10
维生素B_6(盐酸吡哆醇)	0.5	50(NaOH溶解)
维生素B_5(烟酸)	0.5	50(NaOH溶解)
肌醇	100	10000
甘氨酸	2	200

(五)生长调节物质(激素)母液(1 mg/mL)的配制

生长调节物质的使用比较灵活,要根据培养的植物种类和目的而定。为了操作方便,节约时间,也可如同配制上述母液一样,先配成母液(1 mg/mL),这样配制培养基时只要稍加计算,按需要量取即可。

生长调节物质一般不溶于水,可先用少量不同的溶剂来溶解。例如,萘乙酸(NAA)、吲哚乙酸(IAA)、赤霉素(GA-3)、2,4-D等生长素和玉米素(Ze)可先用少量95%酒精助溶,然后再加蒸馏水定容至刻度。激动素(KT)和6-苄基嘌呤(6-BA)可先溶于少量1 mol/L的盐酸中,叶酸需用少量稀氨水溶解(见附录二)。

用电子天平分别称量各种生长调节物质50 mg,并先用相应的少量有机溶剂进行助溶,再加蒸馏水定容至50 mL,可得到浓度为1 mg/mL的生长调节物质母液,即配制的母液每毫升含有生长调节物质 1.0 mg。贴好标签,写明配制的生长调节物质浓度,放入冰箱保存(0~4 ℃)。

配制培养基时,如每升需添加的生长调节剂物质为 0.5 mg,则取 0.5 mL 此母液即可。

注意:各种母液配制好后应存放在 0~4 ℃ 冰箱中,使用中应防止污染和沉淀(贮存温度过低时会产生针状结晶),发现有沉淀或霉团时,则不能继续使用。

五、实验结果与分析

1. 配制培养基母液(浓缩液)的目的是什么?
2. 制备母液时应注意哪些问题?为什么?
3. 根据所给母液浓度、蔗糖、琼脂用量、pH,按 MS 培养基配方计算各种母液吸取量,填入表 3-4。

表 3-4　按 MS 培养基配方需要量和母液浓度计算各种母液吸取量

药品名称	MS 培养基配方需要量	母液浓度	配制_____培养基母液吸取量/mL		
			1000 mL	500 mL	300 mL
大量元素		10 倍			
微量元素		1000 倍			
铁盐		200 倍			
维生素 B_1(盐酸硫胺素)	0.1 mg/L	1 mg/L			
维生素 B_5(烟酸)	0.5 mg/L	1 mg/L			
维生素 B_6(盐酸吡哆醇)	0.5 mg/L	1 mg/L			
甘氨酸	2 mg/L	2 mg/L			
肌醇	100 mg/L	20 mg/L			
2,4-D	0.5 mg/L	1 mg/L			
KT	1 mg/L	0.5 mg/L			
蔗糖	20 g/L				
琼脂	8 g/L				
pH	5.8				

实验四　MS 培养基的配制与灭菌

一、实验目的

通过 MS 培养基的配制,学习培养基配制与灭菌的操作方法。

二、实验原理

植物组织培养要获得成功并正常生长,培养基的组成成分是一个决定性因素,不同植物组织要求不同的培养基,因此,在进行大量工作之前,对不同培养基应进行分析、比较、试验,选择一个符合实验植物组织需要的适当培养基。

大多数植物组织培养所用的培养基由无机营养物质、碳源、维生素、生长调节物质和有机附加物五类物质组成。

三、实验仪器、用具及试剂

(一)实验仪器、器皿及用具

移液管(枪)、量筒(50 mL、500 mL)、电炉(或微波炉)、pH 试纸(或酸度计)、不锈钢锅、培养瓶、标签、记号笔、高压灭菌锅、烧杯(300 mL、500 mL、1000 mL)、封口膜等。

(二)试剂

配制 MS 培养基的各种母液、6-BA(1 mg/mL)、2,4-D(1 mg/mL)、NaOH(0.1 mol/L)、HCl(0.1 mol/L)、琼脂、蔗糖、蒸馏水。

四、实验步骤与方法

(一)培养基的配制与分装

1. 计算各种母液的用量(按配制 1000 mL MS 培养基计算)

根据配方计算母液用量,以此配方为例:MS+2,4-D(1.0 mg/L)+6-BA(0.5 mg/L)+3%蔗糖+0.8%琼脂,pH=5.8。

通过计算得:大量元素(10 倍)取 100 mL、微量元素(100 倍)取 10 mL、有机物(100 倍)取 10 mL、铁盐(200 倍)取 5 mL、2,4-D 取 1.0 mL、6-BA 取 0.5 mL、蔗糖取 30 g、琼脂取 8 g。

2. 每组取 50 mL 的烧杯 1 只,按上述用量,用量筒或移液管(不能混用)量取或吸取各种母液,放于烧杯中,同时加上激素,备用。

3. 每组取 1000 mL 的烧杯一只,加 300 mL 蒸馏水,加入琼脂 8 g,在石棉网上加热溶解,称取 30 g 蔗糖放入溶解的琼脂中,同时加入取好的各种母液,用玻璃棒不断搅拌混合,并加蒸馏水至 1000 mL。

4. 调整 pH:将培养基搅匀,用 pH 试纸或酸度计测其 pH,可用 0.1 mol/L HCl 或 0.1 mol/L NaOH 调至 pH=5.8。

5. 培养基分装、封口:把配制好的培养基趁热分装到培养瓶中,培养基应占试管或培养瓶的 1/4~1/3 为宜;注意不要将培养基沾到管壁上,以免引起污染。分装后立即用封口膜或其他封口物品包扎瓶口,注明培养基的名称与配制时间等。

(二)培养基的灭菌

培养基中含有大量的有机物,特别是其含糖量较高,是各种微生物滋生、繁殖的理想场所。而接种材料需在无菌的条件下培养很长时间,如果培养基被微生物所污染,便达不到培养的预期结果。因此,培养基的灭菌是植物组织培养中十分重要的环节。培养基灭菌的方法有多种,这里主要采用的是高压蒸汽灭菌法。

1. 高压蒸汽灭菌法

将分装好的培养基及需灭菌的各种用具、蒸馏水等,放入高压灭菌锅的消毒桶内,向外层锅内加水,水位高度不超过支柱高度。盖好锅盖,上好螺丝。加热后,当压力表指针移至 $0.5~kg/cm^2$ 时,扭开放气阀排出冷气,使压力表指针回复零位,关好放气阀继续加热。当指针移至 $1.1\sim1.2~kg/cm^2$ 时,将火调小,保持该压力 $15\sim20~min$(在 121 ℃下保持 $15\sim20~min$),切断电源,缓慢放出蒸汽,即达到消毒目的。当压力逐渐降低到零后,才能打开锅盖,从锅中取出灭菌物品,放入白瓷盘,存放于培养室待用。此时锅及锅内物品都很烫,操作时需戴隔热手套。

高压蒸汽灭菌法的注意事项:

(1)锅内冷气必须排尽,否则压力表指针虽达到一定压力,但由于锅内冷气的存在而达不到应有的温度,进而影响灭菌效果。

(2)当达到一定压力后,注意在保持压力过程中,严格控制时间,时间过长会使一些化学物质遭到破坏,影响培养基成分;时间过短,则达不到灭菌效果。

(3)培养瓶中的液体不超过总体积的 70%,否则当温度超过 100 ℃时,培养基会喷溢,造成培养瓶和包头纸的污染。

2. 干热灭菌法

(1)洗涤。把植物组织培养所需使用的培养皿、培养瓶、试管等玻璃器皿进行彻底清洗。

(2)灭菌。把洗涤干净的玻璃器皿放到烘箱中,在 150 ℃温度下,干热灭菌 1 h(或 120 ℃,2 h)。灭菌完毕,待冷却后取出。

五、实验结果与分析

1. 实验分组进行,按上述方法每组配制 1000 mL 培养基[培养基配方:MS+2,4-D(1.0 mg/L)+6-BA(0.5 mg/L)+3%蔗糖

+0.8%琼脂]。先配母液,再配培养基,灭菌,备用。

2.高压灭菌时应注意哪些事项?

3.计算下列培养基各种母液的用量(mL),填入表4-1。

表4-1 　　　　　　　　　　　计算母液的用量

培养基成分	MS+NAA(0.5 mg/L)+6-BA(1.0 mg/L)+2%蔗糖(1000 mL)	1/2MS+NAA(1.5 mg/L)+6-BA(2.0 mg/L)+5%蔗糖(1000 mL)	MS+NAA(1.0 mg/L)+6-BA(2.0 mg/L)+3%蔗糖(500 mL)
大量元素			
微量元素			
有机物			
Fe盐			
6-BA			
NAA			
蔗糖			

实验五 外植体的消毒与灭菌

一、实验目的

学会外植体的选择和处理方法,掌握选择表面灭菌剂的要求,熟练掌握外植体的灭菌方法、接种前的准备工作和接种技术。

二、实验原理

接种用的材料表面常常附有多种微生物,这些微生物一旦带进培养基,就会迅速滋生,使实验前功尽弃。因此,材料在接种前必须进行灭菌。灭菌时,既要将材料上附着的微生物杀死,同时又不能伤及材料。

经常使用的灭菌剂有酒精(70%～75%)、次氯酸钠、过氧化氢、漂白粉、溴水和低浓度的氯化汞等。使用这些灭菌剂,都能起到表面杀菌的作用。但氯化汞灭菌后,汞离子在材料上不易去掉,必须将材料用无菌水多清洗几次。

灭菌剂的种类不同,消毒灭菌的效果不同。因此,选择消毒剂,既要考虑具有良好的消毒、灭菌作用,同时又易被蒸馏水冲洗干净或能自行分解。使用时需要考虑使用浓度和处理时间(表 5-1)。

表 5-1 　　　　　　　　灭菌剂的使用及效果

灭菌剂名称	使用浓度	消除难易程度	灭菌时间/min	灭菌效果
酒精	70%～75%	易	0.1～3	好
氯化汞	0.1%～0.2%	较难	2～10	好
漂白粉	饱和溶液	易	5～30	很好
次氯酸钙	9%～10%	易	5～30	很好
次氯酸钠	2%(活性氧)	易	5～30	很好
过氧化氢	10%～12%	最易	5～15	好
抗菌素	4～50 mg/L	中	30～60	较好

三、实验仪器、用具及试剂

(一)实验仪器、器皿及用具

接种工具、无菌杯、烧杯、外植体材料、培养皿、培养基、脱脂棉、手推车、剪刀、镊子、洗衣粉、毛笔、工作服、拖鞋、记号笔、香皂。

(二)试剂

70%酒精、2%次氯酸钠、10%次氯酸钙,0.1%氯化汞、无菌水。

四、实验方法和步骤

(一)外植体的采集

应于春、夏两季,选择健壮、无病虫害症状的外植体。取材部位最好是幼龄植株的幼嫩部位。

(二)外植体的预处理

外植体的预处理包括:去掉外植体不用的部位;剩余部分按培养要求剪成大小合适的材料;将材料刷洗干净;置于流水下冲洗 6~24 h(因材料种类不同而定)。

(三)外植体的灭菌

在超净工作台上进行外植体的灭菌。把培养材料放进70%的酒精中浸泡约 30 s,再在 0.1%的氯化汞中浸泡 10 min,或在 10%的漂白粉上清液中浸泡 10~15 min,浸泡时可进行搅动,使植物材料与灭菌剂有良好的接触;然后用无菌水冲洗 3~5 次。

1. 花药的灭菌

用于组织培养的花药,按小孢子发育时期要求,实际上大多没有成熟,花药外面有萼片、花瓣或颖片、稃片包裹,通常处于无菌状态。一般用 70%的酒精对整个花蕾或幼穗浸泡数秒,用无菌水清洗2～3次,然后将整个花蕾浸泡在饱和漂白粉上清液中10 min,或用2.0%次氯酸钠消毒10 min,或用0.1%氯化汞处理5～10 min,处理后用无菌水清洗3～5次,然后剥取组织接种。

2. 果实及种子的灭菌

灭菌方式根据果皮或种皮的软硬结实程度及干净程度而异。对于果实,一般用2%的次氯酸钠溶液浸泡10 min,用无菌水冲洗2～3次,然后解剖内部的种子或组织接种;对于种皮较厚且坚硬的种子,通常用10%的次氯酸钙或0.1%～0.2%的氯化汞浸泡20～30 min以上,或者常规消毒后用无菌水浸泡30 min以上。另外也可以用砂纸打磨、温水或开水浸煮5 min左右以软化种皮。进行胚或胚乳培养时,可去掉坚硬的种皮后进行常规消毒。

3. 茎尖、茎段、叶柄及叶片的灭菌

茎尖、茎段、叶柄及叶片的灭菌方法与花药的灭菌方法相同。对于叶片,因为它暴露在空中,且生有毛或刺等附属物,所以灭菌前的洗涤至关重要,尤其是多年生木本材料,要用洗衣粉、肥皂水等进行洗涤,然后用自来水长时间(0.5～2 h)流水冲洗,然后用吸水纸将水吸干,再用70%的酒精漂洗。然后,根据材料的老、嫩和枝条的坚硬程度,用2%～10%的次氯酸钠溶液浸泡6～15 min,或用0.1%的氯化汞消毒5～15 min,用无菌水冲洗3～5次,用无菌滤纸吸干后进行接种。

4. 根和贮藏器官的灭菌

根和贮藏器官大多埋于土中,材料上常有损伤及带有泥土,其灭菌比较困难。灭菌前,要用自来水冲洗,并用毛刷或毛笔将表面凹凸不平处及芽鳞或苞片处刷洗干净,再用刀切去损伤或难以清洗干净的部位,用滤纸吸干后用70%的酒精漂洗一下,再用0.1%～0.2%的氯化汞浸泡5～10 min,或用2%～8%的次氯酸钠溶液浸5～15 min,接着用无菌水清洗3～5次及用无菌滤纸吸干水分,进一步切削与灭菌剂直接接触的外部组织,然后接种。在消毒过程中,进行抽气减压,有助于灭菌剂渗入,可使外植体彻底灭菌。

五、实验结果与分析

1. 如何对外植体材料进行灭菌处理?
2. 对外植体材料进行灭菌时应注意哪些问题?

实验六　外植体的无菌操作技术(接种)

一、实验目的

通过在超净工作台上进行无菌操作训练,使学生初步掌握植物组织培养的无菌操作技术。

二、实验原理

植物组织培养要求严格的无菌条件和无菌操作技术。无菌操作是植物组织培养的关键技术,因为培养基含有丰富的营养物质,不仅适于培养材料的生长发育,更适合微生物的滋生。一旦微生物接触到培养基,就会迅速生长和繁殖,不仅大量消耗营养物质,其繁殖过程中还会形成有毒有害物质直接危害植物组织,甚至直接利用和消耗植物材料,导致植物组织坏死甚至丧失培养价值。

三、实验材料与用具

(一)实验材料

任意一种植物的茎尖。

(二)实验仪器、器皿及用具

超净工作台、接种工具(主要是剪刀、镊子、解剖刀等)、植物材料(已灭过菌)、已配制好的培养基、酒精灯(或干热灭菌器)、酒精喷壶、天平、脱脂棉、记号笔、白大褂、工作帽、拖鞋等。

(三)实验试剂

70%的酒精、95%的酒精、无菌水、2%的次氯酸钠。

四、实验方法和步骤

1. 无菌操作前的准备工作包括：

(1)培养室、无菌操作室的清扫和灭菌(参照实验二)。

(2)配制培养基(参照实验四)。

(3)培养基、接种工具等的灭菌(参照实验二)。

2. 打开超净工作台和无菌操作室的紫外灯，照射 30 min。

3. 30 min 后，关闭紫外灯。

4. 工作人员接种前用香皂洗净双手，一般洗两次，于缓冲间内穿上已灭菌的白大褂、戴上工作帽、换上拖鞋，将所用物品(培养基、接种工具、脱脂棉等)带进接种室。

5. 用 70% 的酒精擦拭(或喷雾)工作台和双手。

6. 将接种器械及其他所用物品放进工作台(将初步洗涤及切割的植物材料放入烧杯，置于超净工作台上，用灭菌剂灭菌，再用无菌水冲洗，最后沥去水分，取出放置在灭过菌的干燥滤纸上)。

7. 吸干材料后，一手拿镊子、一手拿剪刀或解剖刀，对材料进行适当的切割。如叶片切成 $0.5\ cm^2$ 的小块；茎切成含有一个节的小段。微茎尖要剥成只含 1~2 片幼叶的茎尖大小等。

8. 接种前先用 70% 的酒精擦拭(或喷雾)培养瓶，然后解开并拿走培养瓶的封口膜，使培养瓶倾斜，并将瓶口置于酒精灯的火焰区，转动瓶口烘烤数秒钟。

9. 左手将培养瓶倾斜 60°并握住，右手用镊子夹一块切割合适的植物材料(灭过菌的)送入瓶内，轻轻插入培养基，若是叶片，则直接附在培养基上，以放 1~3 块为宜。接种完毕后，将瓶口置于酒精的灯火焰区烘烤数秒钟后迅速盖上封口膜，绑好瓶口（每人接种 5~10 瓶)。

如果是进行培养材料的转接，对培养材料要进行合理的分割，然后再接种。

操作期间应经常用70%的酒精擦拭(或喷雾)工作台和双手；接种器械应反复在95%的酒精中浸泡和在火焰(或干热灭菌器)上灭菌，以防止交叉污染。

10. 在培养瓶外标明培养基编号、培养材料、接种日期，送入培养室。

11. 接种结束后，清理和关闭超净工作台。

五、实验结果与分析

1. 以任意一种植物茎尖为材料，每位学生接种3瓶(5～8芽/瓶)。接种一周后观察接种材料的污染情况，并分析发生污染的原因。

2. 无菌操作技术的关键是什么？

3. 接种时应该从哪些方面避免污染？

实验七 培养物(愈伤组织)的继代培养与分化培养

一、实验目的

学习愈伤组织继代培养与分化培养的方法,掌握其操作技术关键,了解影响愈伤组织分化成苗的因素。

二、实验原理

继代培养的目的是为了培养物增殖,扩大培养物群体。外植体的细胞经过培养形成了无序结构的愈伤组织块后,若在原培养基上继续培养,由于培养基中营养不足或有毒代谢物的积累会导致愈伤组织块停止生长,直至老化变黑死亡。因此,若要求愈伤组织继续生长增殖,则必须定期地(如2~4周)将它们分成小块接种到新鲜的培养基上(培养基配方同原培养基)继代培养,愈伤组织仍可保持旺盛生长,还可获得胚性愈伤组织细胞团,在切口处产生黄色或乳黄色的愈伤组织,其表面呈颗粒状突起,随着培养时间的延续,颗粒状突起出现大量球形、棒状的胚状体细胞团。

愈伤组织的继代次数对器官分化影响很大,愈伤组织在培养初期具有的胚胎、器官发生潜力,往往会在长期继代培养后有所下降,甚至完全丧失,即小苗的分化频率随愈伤组织的继代次数而逐渐下降。长期继代培养还容易引起其细胞的染色体变化,如出现多倍体、非整倍体、染色体丢失、染色体断裂或重组,随着继代培养次数和时间的增加,愈伤组织的此种变化频率也随之增加,这对保持供体植物的遗传性很不利。继代增殖的代数视不同植物而有区别,一般能达到继代增殖的2~10倍,即可用于大量繁殖,但不要盲目追求过高的增殖倍数。

因此,在组织培养中,必须及时转移已形成的较幼嫩的生长旺盛的愈伤组织至分化培养基上,以提高其分化频率。影响愈伤组织分化成苗的因素很多,首先,植物生长调节物质的种类及浓度有较大影响,试验证明,形成器官的类型主要受培养基中细胞分裂素与生长素相对浓度的调控,细胞分裂素与生长素的浓度比例高,有利于促进不定芽的形成;反之,有利于促进根而抑制芽的形成。试验中,通常采用 6-BA 和 KT 来诱导芽的发生,采用 IAA 和 IBA 来诱导产生健壮的根。其次,诱导愈伤组织形成的生长素水平往往对愈伤组织的器官发生也有影响,如高浓度 2,4-D 或其他生长素诱导的愈伤组织,通常结构疏松,器官发生能力较差,如果在诱导愈伤组织形成时加入适量的细胞分裂素,则对其器官发生的状况会有所改善。

三、实验材料与用具

(一)实验材料

梨茎尖愈伤组织或棉花下胚轴愈伤组织。

(二)实验设备、仪器及用具

光学显微镜、超净工作台、高压灭菌锅、天平、移液管、培养瓶、培养皿、烧杯、酒精灯及各种接种器械(手术剪、解剖刀、长把镊子、眼科镊子)、脱脂棉、记号笔、白大褂、工作帽。

(三)实验试剂

70%的酒精、各种母液、蔗糖、琼脂、无菌水、次氯酸钠、激素(NAA、KT)。

四、实验方法和步骤

(一)培养物(愈伤组织)的继代培养

1.增殖培养基的配制、灭菌:配制固体培养基 MS+6-BA

(1.0 mg/L)+2,4-D(1 mg/L)+3%蔗糖+0.8%琼脂(pH=5.8~6.0),分装入培养瓶中,灭菌,待用。

2. 接种:在超净工作台上,将培养瓶中的愈伤组织块取出,置于灭菌过的潮湿滤纸上,切取边长为0.3~0.5 cm的小块,于无菌条件下接种,放入培养室内培养。

(二)梨胚轴(或红枣茎尖)愈伤组织的分化培养

1. 分化培养基的配制、灭菌:配制固体培养基 MS+NAA(0.5~4 mg/L)+KT(1~3 mg/L)+3%蔗糖+0.8%琼脂(pH=5.8~6.0),分装入培养瓶中,灭菌,待用。

2. 接种:观察愈伤组织形态(结构致密、质地坚硬、色泽鲜亮,生长较慢的愈伤组织往往通过器官再生植株;结构松脆、质地致密、颗粒状,生长较快的愈伤组织易通过胚状体发生途径再生植株),选择不同状态的愈伤组织,在无菌条件下切取边长为0.5 cm的小块,接种于配制好的培养基中。

3. 培养:光照2000~3000 lx,温度25~28 ℃,培养室的温度最好能保持一定的昼夜温差,白天高,夜晚低,这对器官发生和生长有利。

五、实验结果与分析

1. 观察愈伤组织的增殖情况,1个月后统计愈伤组织的增殖率。

2. 观察愈伤组织形态的变化和分化成苗的情况,统计其分化率。

3. 观察并描述愈伤组织的形态差异。

实验八　无菌试管苗的生根培养

一、实验目的

通过植物无根芽苗的生根培养,掌握其操作技术关键,了解无根芽苗生根的影响因素。

二、实验原理

植物离体培养物(无菌试管苗)根的发生一般都来自不定根,根的形成从形态上分为两个阶段,即根原基形成和根原基的伸长及生长。影响植物离体培养生根的因素很多,例如离体材料自身的生理生化状态。一般木本植物比草本植物难,成年树比幼年树难,乔木比灌木难。

降低无机盐离子浓度有利于生根,因此,诱导生根大多数使用低浓度的 MS 培养基,其中 1/2 或 1/3MS 培养基最常用,微量元素中 B、Fe 对生根有利,糖的浓度通常采用 1%～3% 的低浓度;也常用 1/2White 培养基用于生根培养。生根培养使用的生长素,大都以 IBA、IAA、NAA 单独使用或配合使用或与低浓度 KT 配合使用。使用 IAA+KT 的浓度范围以 1～4 mg/L 和 0.01～0.02 mg/L 使用居多;胚轴、茎段插枝等材料分化根时使用 IBA 居多,浓度为 0.2～10 mg/L,其中以 1 mg/L 为多。近年来为促进试管苗的生根,人们改变了通常将激素预先添加在培养基中的做法,而是将需生根材料在一定浓度激素中浸泡或培养一定时间,然后转入无激素培养基中培养,这种方法显著提高了生根率。

三、实验材料与用具

(一)实验材料

选用无根的组织培养苗或茎段(任何一种植物)。

(二)实验设备与器具

超净工作台、接种工具(主要是剪刀、镊子、解剖刀等)、酒精灯、培养瓶、记号笔、白大褂、工作帽、拖鞋等。

(三)实验试剂

70%的酒精、MS母液、蔗糖、琼脂、活性炭、IBA。

四、实验方法和步骤

1. 培养基配制、灭菌:配制固体培养基1/2MS+IBA(1.3 mg/L)+0.5%活性炭+3%糖+0.3%琼脂(pH=5.8~6.0),并分装灭菌。

2. 接种:在无菌条件下操作,当芽增殖到预定数量后(增加2.5倍)将丛生状无根芽(苗)单个切开,转移到生根培养基中培养。

3. 培养:温度为28±2 ℃,适当加强光照和延长时间,每天光照16 h,光照强度为1000 lx。

五、实验结果与分析

1. 培养2~3周后,观察芽苗的生根情况,并统计生根条数。
2. 分析影响无菌试管苗生根的因素。

实验九　组培苗的驯化、移栽

一、实验目的

掌握试管苗的炼苗技术和移栽方法（包括最佳时期、基质、温室、湿度、光照、天数等），提高移栽成活率。

二、实验原理

当植物无菌苗长到高 4～5 cm 时即可移栽入土，由于在室内人工光照下培养的试管苗十分幼嫩，因此要成功地大量移栽试管苗，必须掌握以下几个环节：

1. 选择健壮的幼苗，要求节间短而粗壮，叶片大而浓绿，展叶 4 片以上，没有水渍壮叶，具有发育健壮的根系，有若干条须根，根尖为黄白色，不发黑。

2. 逐步增加光照强度并降低空气相对湿度，促使试管苗逐步适应自然生长条件。

3. 选用适当的驯化基质。

三、实验材料与用具

（一）实验材料

任何一种植物组培苗。

（二）实验试剂与用具

蛭石、珍珠岩、腐殖土、草炭土、沙子、喷壶、育苗盘、纱布、塑料袋、镊子、剪刀等。

(三)实验试剂

高锰酸钾、百菌清等灭菌剂。

四、实验方法与步骤

(一)炼苗

常规炼苗程序如下:

1.闭瓶强光炼苗:将培养材料连同培养容器从培养室取出,不开口置于室外遮阴棚或温室中炼苗10~20 d,遮阴度以50%~70%为宜。

2.开瓶强光炼苗:将培养瓶瓶口轻轻打开1/3~1/2,使培养材料开口以适应外界大气环境,在自然光下开瓶炼苗3~7 d。开瓶炼苗可以分阶段进行,即先松盖或塞1~2 d,然后部分开盖1~2 d,最后完全揭去盖。

注意:保湿且光照强度不能过大,不同植物材料根据其喜光性给予适当的光照。

(二)移栽

1.移栽基质的配制:用1∶1∶0.5的珍珠岩、蛭石、草炭土(或腐殖土)配制,也可用1∶1的沙子和草炭土。移栽前对移栽基质进行消毒处理,消毒方法一般有两种:一是用干热消毒法,将移栽基质在烘箱中烘烤处理或高压灭菌锅中以10 kPa维持20~30 min;二是采用福尔马林熏蒸消毒法,用5%的福尔马林或0.3%的硫酸铜溶液泼浇于基质上,然后用塑料布覆盖1周后揭开,翻动基质使气味挥发。

2.从培养瓶中小心取出试管苗:在20 ℃左右的温水中浸泡约10 min,换水2次。

3.将黏附于试管苗根部的培养基清洗干净:动作要轻,避免造成伤根。清洗一定要干净,否则残留的培养基会导致霉菌污染。

如果根过长,可以用锋利的剪刀剪掉一段,用湿纱布盖好备用。移栽前将小苗蘸生长素(50 mg/L 的吲哚丁酸或萘乙酸)后移入育苗盘。

4.迅速栽在育苗盘中:栽植时用镊子在基质中插一小孔,然后将小苗插入孔中。

注意:幼苗比较嫩,要防止弄伤,栽后把苗周围基质压实,栽前基质要浇透水;栽后轻浇薄水。

再将苗移入干净、排水良好的温室或塑料保温棚中,保证空气湿度达 90% 以上,大约需 20 d 左右即可长成。

五、实验结果与分析

每人移栽 20 株试管苗,统计成活率,并分析影响移栽成活的因素。

实验十　胡萝卜离体根培养

一、实验目的

了解胡萝卜离体根培养的基本方法和步骤,掌握诱导胡萝卜根愈伤组织的基本技能。

二、实验原理

胡萝卜是细胞和组织培养中的经典材料之一,其来源方便,是教学实验的理想材料。

三、实验材料、仪器与试剂

(一)实验材料

大而新鲜的胡萝卜。

(二)实验仪器、设备及器皿

超净工作台、灭菌锅、显微镜、解剖刀、刮皮刀、不锈钢打孔器、长镊子、烧杯(500 mL)、培养皿、移液管等。

(三)实验试剂

培养基[MS+2,4-D(10 mg/L)+6-BA(2 mg/L)]、70%酒精、0.1%氯化汞、饱和漂白粉溶液、0.05%甲苯胺蓝。

四、实验方法和步骤

1.将胡萝卜用自来水冲洗干净,用刮皮刀除去表皮 1~2 mm,横切成大约 10 mm 厚的切片。以下步骤全部在无菌条件下进行。

2.胡萝卜片经70%的酒精处理几秒后,用无菌水冲洗一遍,再用饱和漂白粉溶液浸泡10 min,用无菌水冲洗3~4次。

3.将胡萝卜片放入培养皿中,一手用镊子固定胡萝卜片,一手用不锈钢打孔器垂直打孔,每个小孔打在靠近维管形成层的区域,务必打穿组织。然后从组织片中抽出不锈钢打孔器,将胡萝卜组织片收集在装有无菌水的培养皿。重复打孔步骤,直至收集到足够数量的组织圆片。

4.用镊子取出组织圆片,放入培养皿中,用刀片将组织圆片切成2 mm长的小块,放入装有无菌水的培养皿中。在整个操作过程中要多次用火焰消毒镊子和解剖刀,冷却后再使用。

5.将胡萝卜组织小块转移到灭菌过的滤纸上,吸干水分后接种于培养基表面。

6.将培养物一部分置于25 ℃温箱中暗培养,另一部分到光照培养室中进行培养,以比较光照培养和暗培养对愈伤组织诱导的不同。

五、实验结果与分析

1.结果及观察:培养约1周后,外植体表面开始变得粗糙,有许多光亮点出现,这是愈伤组织开始形成的表现。大约经3周后,将长大的愈伤组织切成小块转移到新的培养基上。用放大镜观察愈伤组织的表面特征。用解剖针挑取一些细胞于玻片上,在显微镜下观察愈伤组织细胞的特征,也可用0.05%的甲苯胺蓝染色后再进行观察。

2.完成实验报告。

实验十一 园艺植物的茎尖、茎段培养及微体快速繁殖技术

一、实验目的

熟练掌握外植体的表面灭菌方法,并巩固掌握无菌操作的基本要领,重点掌握园艺植物的器官的离体培养的基本程序;同时,掌握园艺植物微体快速繁殖培养基的设计和配制技术。

二、实验原理

植物茎尖处于比较幼嫩的部位,其细胞具有旺盛的生命力,易于培养而获得成功。茎尖培养根据其目的不同,取材的大小有较大差异,较小的仅为十至几十微米的茎尖分生组织(获得无病毒苗),较大的可利用几十毫米的茎尖甚至更大的芽,茎尖越大培养越易获得成功。如果进行植物快速繁殖,则采用较大的茎尖,以带有叶原基的为宜,这样既能提高成活率,又能加快繁殖速度。

三、实验材料及用具

(一)实验材料

选取品种性状典型、生长健壮无病虫的园艺植物(如葡萄、杨树、月季、香石竹、兰花)优良单株的嫩茎切段,也可以用顶芽或侧芽。

(二)实验设备、仪器及用具

超净工作台、灭菌锅、解剖刀、长把镊子、酒精灯、烧杯、培养皿、移液管、培养瓶。

(三)实验试剂

MS、B_5、White 培养基母液、70%酒精、0.1%氯化汞、1 mg/mL IBA、1 mg/mL 6-BA、1 mg/mL NAA、无菌水。

四、实验方法和步骤

(一)实验材料的筛选与处理

1. 培养基的筛选:通过查阅文献资料,根据所选择的培养材料,每小组同学任选其中一种基本培养基,并确定添加的激素种类和浓度,确定用于培养的分化培养基、继代培养基和生根培养基。

2. 培养基的配制:参照实验四。

3. 实验材料的筛选与灭菌处理:各实验小组在查阅文献资料的基础上,分别选择易于培养的任意一种园艺植物的嫩茎切段(5~10) cm,除去叶片,流水冲洗 15~30 min,浸入 75%的酒精消毒 15~30 s(视材料的幼嫩程度而定),无菌水浸洗后用 0.1%的 $HgCl_2$ 浸泡 8~10 min,用无菌水浸洗 3~4 遍,用灭菌滤纸吸干表面水分,备用。

(二)外植体的诱导增殖培养

1. 无菌外植体的建立:在无菌条件下,于超净工作台上将茎段切成 0.5~1.0 cm 的带节切段,接种于分化培养基中,每小组接种 10 瓶,每个培养瓶接种 5~6 个带节切段,于 24~26 ℃、2000~4000 lx 光照强度下培养,每日光照 16 h。培养 15~20 d 后,可见一些绿色的芽点和不定芽出现,再培养一段时间后,将出现丛生苗。

2. 茎芽的诱导增殖培养:为了扩大繁殖,将初次培养获得的培养物切割成有 2~3 个芽的芽丛并转入继代培养基中,每瓶放置 3~4 个芽丛,每小组接种 10 瓶,于培养室内培养。

3. 无根芽苗的生根培养:待幼芽长至 3~4 cm 长时,从芽丛基部剪下并切割分离单个芽,转接到生根培养基中进行生根培养,1个月后可形成良好的根系。

五、实验结果与分析

1. 统计初代培养中外植体材料的培养成活率和接种污染率(每瓶按照接种外植体数量分别统计),并分析造成污染的原因。

2. 统计继代培养试管苗的增殖率,并分析激素种类和浓度对试管苗增殖的影响。

实验十二　植物的胚培养

一、实验目的

了解植物成熟胚与幼胚培养的原理和培养条件,了解植物胚培养的意义,学习植物幼胚培养基的设计与制备,掌握植物成熟胚及幼胚培养的方法和技术。

二、实验原理

植物的胚培养技术是最早付诸应用的植物细胞工程技术,被广泛应用于克服远缘杂种胚败育和早熟品种选育的胚挽救方面,还可用于打破种子休眠、提高种子发芽率、解决多胚性干扰以及研究与胚胎发育有关的代谢和生理生化变化等问题。

植物胚培养主要包括成熟胚培养和幼胚培养两类。其中,成熟胚由于形态上已有胚根和胚芽的分化,故培养比较容易,所要求的培养基营养成分比较简单,一般在只含有无机盐和糖的简单培养基上即可培养成功。

幼胚培养是在无菌条件下对未成熟胚的离体培养技术,其培养相对较为困难,而且胚龄越小,培养的难度越大,所要求的营养和培养条件也越高。幼胚培养可能按照正常的胚性发育途径形成幼苗,也可能出现早熟萌发,形成畸形苗,还有可能发生脱分化,形成胚性愈伤组织,并由此再分化出胚状体或不定芽。

影响幼胚培养的因素有营养成分、胚龄、植物生长调节物质、渗透压(胚龄越小,要求渗透压越高)、培养条件等。

三、实验材料及用具

(一)实验材料

苹果、梨、桃、玉米、大麦等植物的成熟胚与幼胚。

(二)实验设备、仪器及用具

超净工作台、高压灭菌锅、移液管、烧杯、培养瓶、培养皿、酒精灯及各种接种器械(剪刀、解剖刀、长把镊子、眼科镊子)。

(三)实验试剂

MS、B_5 培养基母液、75%酒精、0.1%氯化汞、1 mg/mL IBA、1 mg/mL 6-BA、1 mg/mL NAA、无菌水。

四、实验内容

每4人为一个实验小组,各小组根据专业特点和生长季节选择一种植物的幼胚和成熟胚作为实验材料,在实验教师的指导下,通过查阅文献资料,以 MS 或 B_5 为基本培养基,研究确定分别适用于成熟胚和幼胚培养的培养基配方各两个,并合作完成培养基的制备、外植体的消毒、成熟胚和幼胚的剥取、无菌接种以及培养。

五、实验方法和步骤

(一)成熟胚的培养

1. 实验材料的选择与培养基的制备:每小组同学任选一种植物的果实或种子作为外植体,并通过查阅文献资料,分别确定两种培养基配方(考虑基本培养基种类和蔗糖浓度,也可以是大量元素减半的培养基)。

2. 培养基的配制:参照实验四。

3.材料的消毒、灭菌与接种:将选取的果实或种子用流水冲洗 5 min,再用蒸馏水清洗,在无菌条件下从果实中取出种子→浸入 70%的酒精消毒 10～20 s→无菌水浸洗→0.1%的 $HgCl_2$ 浸泡 10～15 min(从新鲜苹果、梨中取出的种子也可不经过这一步骤)→无菌水浸洗 4～5 遍,用消毒的滤纸吸干表面水分,在超净工作台上剥去种皮,取出成熟种胚,接种于培养基上。每个实验小组每种配方各接种 10 瓶,每瓶 6～8 个胚(视植物胚的大小而定)。

4.培养:接种后的材料置于培养室内培养,培养温度为 25～28 ℃,每天光照 12 h,光照强度为 3000 lx。若为苹果、梨、桃等具有休眠习性的种子,则接种后先在低温条件下培养 1 个月,然后再转入上述温度下培养。

(二)幼胚培养

1.实验材料的选择与培养基的制备:通过查阅文献资料,各小组同学选择授粉后不同发育天数的幼胚(心形胚至鱼雷形胚发育时期),结合影响植物幼胚培养的因素,确定两种培养基配方(应考虑基本培养基种类、较高的蔗糖浓度、激素以及其他添加物)。

2.培养基的配制:参照实验四。

3.材料的消毒、灭菌与接种:将授粉坐果后不同天数的果实用流水冲洗→无菌条件下浸入 70%的酒精表面消毒 20～30 s→无菌水浸洗→0.1%的 $HgCl_2$ 浸泡 10～15 min→无菌水浸洗 4～5 遍,用灭菌滤纸吸干表面水分,在超净工作台上取出种胚,从远离胚根的一端切开种皮(或剥去种皮),接种于培养基上。每个实验小组每种配方各接种 10 瓶,每瓶 6～8 个幼胚。

4.培养:接种后的材料置于培养室内培养,培养温度为 25～28 ℃,每天光照 12～14 h,光照强度为 2000～3000 lx。

六、实验结果与分析

1. 观察成熟胚的生长发育情况,统计萌发率和成苗率。
2. 观察并记录幼胚的发育状态,统计幼胚培养的成活率和成苗率。
3. 分析胚龄及培养基配方对幼胚培养的影响。

实验十三　马铃薯(或草莓)微茎尖脱毒培养

一、实验目的

了解植物脱毒培养的一般操作技术和原理,掌握马铃薯或草莓微茎尖(顶端分生组织)的徒手剥离方法,并巩固无菌接种、培养技术的关键要领。

二、实验原理

马铃薯及草莓等植物在栽培过程中易感染病毒,并会在植株体内增殖,随着无性繁殖世代的增加还会逐年加重,目前尚无有效防治药物。而微茎尖培养能够有效脱除植物病毒,获得无病毒苗。病毒在感染植株上的分布不均匀性,越成熟的组织和器官病毒的含量越高;越幼嫩的组织和器官,其病毒含量越低。生长点(茎尖 0.1~1.0 mm 区域)则几乎不含病毒或病毒很少,这是因为病毒增殖运输速度与茎尖细胞分裂生长速度不同,病毒向上运输速度慢,而分生组织细胞增殖快,这使得茎尖区域部分的细胞几乎不带病毒。因此,茎尖脱毒培养效果的好坏与茎尖的大小呈负相关,而茎尖培养的成活率高低则与茎尖的大小呈正相关。因此,茎尖分生组织培养时既要考虑脱毒效果,也要考虑提高成活率。

热处理结合茎尖分生组织培养可以取稍大的茎尖进行培养,能够大幅度提高茎尖培养的成活率和脱毒率。

三、实验材料及用具

(一)实验材料

生长季节的马铃薯(或草莓)茎尖。

(二)实验设备、仪器及用具

光学显微镜、超净工作台、高压灭菌锅、移液管、培养瓶、培养皿、烧杯、酒精灯及各种接种器械(手术剪、解剖刀、解剖针、镊子)。

(三)实验试剂

MS 培养基母液、蔗糖、琼脂、75%酒精、0.1%氯化汞、1 mg/mL IBA、1 mg/mL 6-BA、1 mg/mL NAA、无菌水。

四、实验内容

每 4 人为一个实验小组,各小组根据专业特点选择一种植物的茎尖作为实验材料,通过查阅文献资料,并在实验教师的指导下,筛选确定适宜的诱导培养基,完成外植体材料的处理、灭菌、微茎尖的剥离以及接种、培养整个操作过程。

五、实验方法和步骤

(一)实验材料的选择与灭菌

1. 培养基的配制:以 MS 为基本培养基,各实验小组选择确定两种用于茎尖脱毒培养的诱导培养基(即两种培养基配方),培养基配制参照实验四。

2. 材料的选择与消毒:在马铃薯生长季节(或草莓匍匐茎生长季节)取顶芽或腋芽(顶芽优于腋芽)连同部分叶柄和茎段用自来水冲洗 2~4 h→蒸馏水清洗后,在无菌条件下进行药剂消毒→

70%的酒精漂洗 20~30 s→无菌水清洗→0.1%的氯化汞溶液或 10%的漂白粉上清液消毒 5~15 min(视材料幼嫩程度而定)→无菌水清洗 3~5 遍,备用。

(二)茎尖的剥离与接种

灭菌后的材料放在无菌的潮湿滤纸上(防止茎尖脱水死亡),再置于超净工作台上的双筒解剖镜下,一手用镊子夹住茎段的后半部分,一手用解剖针一层层剥去幼叶和较大的叶原基,直至露出闪亮的圆锥体(生长点),用解剖刀切取 0.2~0.3 mm(含有 1~2 个叶原基)的生长点,迅速接种接种到培养基上。每组每种配方接种 10 瓶,每瓶接种外植体 8~10 个。

(三)脱毒苗的培养

接种后的茎尖分生组织先置于弱光(1000~2000 lx)下培养,一周后再转入光照强度为 2000~3000 lx、温度 25±2 ℃、每日光照 16 h 的条件下培养。

六、实验结果与分析

1. 观察并记录接种材料的生长状况。
2. 分析不同培养基对顶端分生组织生长和分化的影响。

实验十四　花药离体培养技术

一、实验目的

学习植物花药的采集、灭菌、接种、培养等具体方法。

二、实验原理

花药培养是植物育种的一种有效方法,即用离体花药培养的方法使花粉发育成一个完整的植株,由于花粉细胞的染色体数目仅为花粉母细胞或体细胞染色体数目的一半,所以称其为单倍体植物。通过这一途径获得单倍体后再使其染色体加倍,就能得到大量无分离的纯合二倍体,从而实现对杂种后代的早期选择,缩短育种年限。在单倍体细胞中只有1个染色体组,其表现型和基因型一致,一旦发生突变,无论是显性还是隐性,均可在当代表现,从而为准确研究性状的遗传规律和杂种优势的利用打下基础。因此,单倍体是体细胞遗传研究和突变育种的理想材料。同时,有的植物花药培养还能有效脱除母株所带病毒,获得无病毒苗。

三、实验材料与用具

(一)实验材料

苹果、梨、草莓、小麦、玉米、水稻、杨树、茄子、油菜等植物的花蕾,根据季节选择其中2~3种。

(二)实验设备、仪器及用具

超净工作台、灭菌锅、解剖刀、长把镊子、酒精灯、烧杯、培养皿、移液管、培养瓶、纱布、塑料袋、培养瓶、冰箱、显微镜、醋酸洋红、载玻片、盖玻片、各种灭菌用具、接种用具、培养用具和器皿等。

(三)实验试剂

MS、B_5、White 培养基母液、75%酒精、0.1%氯化汞、1 mg/L IBA、1 mg/L 6-BA、1 mg/L NAA、无菌水。

四、实验内容

每 4 人为一个实验小组,根据专业特点及开课季节选择适当的植物花药,完成花药的预处理、灭菌、接种及培养过程。

五、实验方法和步骤

(一)镜检确定花粉发育期

本实验在培养前先采集处于适当时期的花蕾,利用醋酸洋红压片法进行镜检,确定花粉适当的发育时期。

(二)材料预处理

采集花粉发育处于单核中期至晚期的新鲜花蕾,用湿纱布包好放入塑料袋,置于 3~5 ℃冰箱中预处理 3~5 d,可提高胚状体的诱导率。

(三)培养基的制备

以 MS 或 N_6 为基本培养基,通过查阅文献资料和了解不同激素对植物花药培养的诱导作用,各小组筛选确定 2 种适当的诱导培养基(蔗糖 3%~6%)和 1 种适当的分化培养基(蔗糖 3%),配制方法参照实验四。

(四)花药灭菌及接种

花蕾用自来水及蒸馏水冲洗干净后在无菌条件下用 75%的酒精浸泡 10~20 s→无菌水清洗→0.1%氯化汞溶液灭菌 8~15 min→无菌水冲洗 3~5 遍→无菌滤纸吸干水分→取出花药接

种于诱导培养基中(注意不要破坏花药),每瓶接种 20~30 个花药,每个实验小组每种诱导培养基各接种 10 瓶。

(五)初代培养

先将培养瓶置于暗处培养 5~7 d,再转入光照培养,光照强度为 1500~2000 lx,每天光照 14 h,温度为 25~28 ℃,以诱导形成胚状体或愈伤组织。

(六)诱导分化及再生

当愈伤组织长到 2~3 mm 长时,将其及时转入分化培养基,进行植株的分化培养,诱导再生植株。

六、实验结果与分析

1. 定时观察并记录胚状体或愈伤组织的诱导情况,统计愈伤组织的诱导率,并比较分析两种诱导培养基对花药培养的影响。
2. 观察并记录愈伤组织的分化状态,统计分化率。

实验十五　棉花胚性愈伤的诱导及植株再生

一、实验目的

学习棉花组织培养中无菌苗的培养、愈伤组织的诱导及植株再生等具体操作方法。

二、实验原理

棉花是重要的经济作物,利用遗传工程技术改良棉花品种能够提高棉花的种植效益。棉种体细胞植株再生技术是进行原生质体融合、创造杂种植株、进行遗传工程的必要技术条件。棉花植株再生的途径有两种:一是器官发生,二是胚胎发生,其中以胚胎发生的途径较为有效。这是因为器官发生途径的周期长,一般需要多次转移继代培养、诱导生根才形成小植株;而胚状体是具有两极性的结构,可以直接再生植株,周期短,且产生的再生植株多。植物体细胞无性系变异可通过植物细胞经组织培养所产生的遗传变异,经1～2代的自交稳定获得,较易选择,利用这种方式可以筛选出满足当前高产、优质、抗逆育种需要的可遗传的性状并创造优异新种质。

三、实验材料与用具

（一）实验材料

棉花2～3个品种的若干种子。

(二)实验设备、仪器及用具

超净工作台、高压灭菌锅、解剖刀、镊子、剪刀、酒精灯、烧杯、培养皿、滤纸、移液管、培养瓶、培养瓶、冰箱、暗培养箱。

(三)试剂

MS 培养基母液、75％酒精、0.1％氯化汞、1 mg/L IBA、1 mg/L NAA、无菌水、Phytagel、葡萄糖、0.1 mg/L 2,4-D、0.1 mg/L KT、Gln(谷氨酰胺)、Asn(天冬酰胺)。

四、实验内容

每4人为一个实验小组,各小组选择两个棉花品种种子作为实验材料,在实验教师的指导下,以 MS 为基本培养基,通过查阅文献,研究确定分别适宜于胚性愈伤形成、胚胎发生的培养基配方两个,并合作完成培养基的制备、外植体的消毒、无菌苗的培养、无菌接种及其培养过程。

五、实验方法和步骤

(一)无菌苗的培养

将棉子壳去掉,用 0.1％的氯化汞灭菌 10 min,无菌水冲洗3遍,接种于无菌苗培养基中。配方如下:1/2 MS 大量元素+葡萄糖(15 g/L)+Phytagel (2.5 g/L),3~4 天暗培养,1~2 天光照培养,培养温度为 28±2 ℃。

(二)愈伤组织的诱导

选取无菌苗的下胚轴,用解剖刀切成长 0.5~0.6 cm 的小段,接种于诱导培养基上(每瓶 8~10 段),配方如下:MS 无机盐+B_5 有机物+2,4-D(0.1 mg/L)+KT(0.1 mg/L)+葡萄糖(30 g/L)

+Phytagel(2.5 g/L)。培养温度为 28±2 ℃,光照周期为 16 h 光/8 h 暗,光照强度约为 2000 lx。

(三)愈伤组织的增殖

愈伤组织培养 30 d 后进行继代培养,采用如下培养基进行继代培养,观察愈伤组织的变化情况。

MS 无机盐(硝酸钾加倍,硝酸铵减半)+B_5 有机物+2,4-D(0.05 mg/L)+KT(0.1 mg/L)+葡萄糖(30 g/L)+Phytagel(2.5 g/L),或者是 MS 无机盐(硝酸钾加倍,硝酸铵减半)+B_5 有机物+葡萄糖(30 g/L)+Phytagel(2.5 g/L)(针对那些增殖迅速的愈伤组织)。培养条件同(二)。

(四)愈伤组织的分化

愈伤组织经继代几次后,有的愈伤组织转成米粒状颗粒,将其转入分化培养基[MS + B_5 有机物+葡萄糖(30 g/L)+Phytagel(2.5 g/L)+KT(0.15 mg/L)+IBA(0.5 mg/L)]中,进一步分化成胚状体。培养条件同(二)。

(五)胚性愈伤组织的继代

胚性愈伤组织在 MS 无机盐(硝酸钾加倍,硝酸铵减半)+B_5 有机物+IBA(0.5 mg/L)+KT(0.15 mg/L)+Gln(谷胺酰胺)(1.0 mg/L)+Asn(天冬酰胺)(0.5 mg/L)+葡萄糖(30 g/L)+Phytagel(2.5 g/L)的培养基中进行继代培养。培养条件同(二)。

(六)成苗生根

将固体培养基上得到的由正常生长点形成真叶的体胚苗,均接种在生根培养基上,培养基配方为:MS 无机盐(硝酸钾加倍,硝酸铵减半)+B_5 有机物+IBA(0.5 mg/L)+NAA(0.5 mg/L)+Gln(1.0 mg/L)+Asn(0.5 mg/L)+葡萄糖(30 g/L)+Phytagel

(2.5 g/L),进行生根培养。15～20 d 后统计生根情况。

(七)炼苗移栽

参照实验九。

六、实验结果与分析

培养 3 个月后,统计愈伤组织增殖量、愈伤组织分化率、分化时间、单位重量愈伤组织含有体细胞数、体细胞胚的萌发率和再生小苗数量。

附 录

附录一　酒精稀释的简便方法

原理是稀释前后纯酒精量相等。即：原酒精体积分数×取用体积＝稀释后的体积分数×稀释后的体积

比如原酒精体积分数为 95％，欲配成 70％ 酒精。配制方法为：取 95％ 酒精 70 mL（稀释后的酒精体积分数数值），加蒸馏水至 95 mL（原酒精体积分数数值），摇匀，即为 70％ 的酒精。

附录二 常用生长调节剂物质和维生素特征表

名称	缩写	分子式	相对分子量	溶剂
2,4-二氯苯氧乙酸(2,4-dichlorophenox yacetic acid)	2,4-D	$C_8H_6O_3Cl_2$	221.04	乙醇
吲哚乙酸(indole-3-acetic acid)	IAA	$C_{10}H_9NO_2$	175.18	1 mol/L NaOH
3-吲哚丁酸(indole-3-butyric acid)	IBA	$C_{12}H_{13}NO_2$	203.23	1 mol/L NaOH
α-萘乙酸(α-naphthalene acetic acid)	NAA	$C_{12}H_{10}O_2$	186.20	1 mol/L NaOH
β-苯氧乙酸(β-naphthoxy acetic acid)	β-NOA	$C_{12}H_{10}O_3$	202.20	1 mol/L NaOH
腺嘌呤(adenine)	A、Ad、Ade	$C_5H_5N_5 \cdot 3H_2O$	189.13	H_2O
硫酸腺嘌呤(adenine sulphate)	$AdSO_4$	$(C_5H_5N_5)_2 \cdot H_2SO_4 \cdot 2H_2O$	404.37	H_2O
6-苄基腺嘌呤(6-benzyladenine、benzy-laminopurine)	BA、BAP、6-BA	$C_{12}H_{11}N_5$	225.26	1 mol/L HCl
异戊烯基腺嘌呤(2-isopentenyl adenine)	2ip、IPA	$C_{10}H_{13}N_5$	203.25	1 mol/L HCl
激动素、动力精(Kinetin)	KT	$C_{10}H_9N_5O$	215.21	1 mol/L NaOH
玉米素(Ziatin)	ZT、Zt、Z	$C_{10}H_{13}N_5O$	219.2	乙醇
噻苯隆(thidiazuron)	TDZ		220.2	乙醇
赤霉素(gibberellin、gibberellic acid)	GA_3	$C_{19}H_{22}O_6$	346.4	1 mol/L NaOH
脱落酸(abscisic acid)	ABA	$C_{15}H_{20}O_4$	264.3	
秋水仙素(colchicine)		$C_{22}H_{25}NO_6$	399.4	H_2O

附录三　各种培养基成分表（单位：mg/L）

化合物成分	White (1963)	MS (1962)	B_5 (1966)	Nitsch (1969)	N_6 (1974)	MT (1969)	Heller (1953)	ER (1965)	RM (1965)	KC (1946)	NT (1971)	Read (1984)
$MgSO_4 \cdot 7H_2O$	750	370	250	185	185	370	250	370	370	250	1233	370
$NaH_2PO_4 \cdot 2H_2O$	19		150				125					
$CaCl_2 \cdot 2H_2O$		440	150	166	166	440	75	440	400		220	440
KCl	65											
$AlCl_3$								750				
KNO_3	80	1900	2500	950	2830	1900		1900	1900		950	202
Na_2-EDTA $\cdot 2H_2O$				37.3	37.3	37.3		37.3				37.3
MoO_3	0.001							0.03				
NH_4NO_3		1650		720		1650		1200	4950		825	400
KH_2PO_4		170		68	400	170		340	170	250	680	408
$NaNO_3$							600					
Na_2SO_4	200											
$(NH_4)_2SO_4$			134		463					500		132
$Ca(NO_3)_2 \cdot 4H_2O$	300									1000		
$FeSO_4 \cdot 7H_2O$		27.8		27.8	27.8	27.8		27.8	27.8	25	27.8	
Na_2-EDTA		37.3		37.3	37.3	37.3		37.3	37.3			
FeNa-EDTA												
$MnSO_4 \cdot 4H_2O$	5	22.3		25	4.4	22.3	0.1	2.23	22.3	7.5	22.3	56
$MnSO_4 \cdot 2H_2O$			10									16.9

(续表)

化合物成分	White (1963)	MS (1962)	B₅ (1966)	Nitsch (1969)	N₆ (1974)	MT (1969)	Heller (1953)	ER (1965)	RM (1965)	KC (1946)	NT (1971)	Read (1984)
KI	0.75	0.83	0.75		0.8	0.83	0.01		0.83		0.83	
$FeCl_3 \cdot 6H_2O$							1					
$NiCl_2 \cdot 6H_2O$							0.03					
$CoCl_2 \cdot 6H_2O$		0.025	0.025			0.025		0.0025	0.025			0.025
$ZnSO_4 \cdot 7H_2O$	3	8.6	2	10	1.5		1		8.6		5.6	8.6
$CuSO_4 \cdot 5H_2O$	0.01	0.025	0.025	0.025		0.025	0.03	0.0025	0.025		0.025	0.025
H_3BO_3	1.5	6.2	3	10	1.6	6.2	1	0.63	6.2		6.2	6.2
$Na_2MoO_4 \cdot 2H_2O$		0.25	0.25	0.25				0.025	0.25		0.25	0.25
$Fe_2(SO_4)_3$	2.5											
Sequestrene 330Fe			28									
肌醇($C_6H_{12}O_6$)		100	100	100		100			100		100	100
烟酸(VB₅)	0.05	0.5	1	5	0.5	0.5		0.5	0.5			
盐酸吡哆醇(VB₆)	0.01	0.5	1	0.5	0.5	0.5		0.5	0.5			
甘氨酸($C_2H_5NO_2$)	3	2		2	2	2		2				
叶酸				0.5								
生物素				0.05								
D-甘露糖醇											12.7%	

注:MS:Murashige & Skoog(1962);ER:Eriksson(1965);B₅:Gamborg et al (1968);NT:Nagata & Takebe(1971);RM(LS):Linsaler & Skoog(1964);KC:Kundson(1946);N₆:未自清等(1974)。

附录四 常用植物生长激素浓度单位换算

A. mg/L → μmol/L

μmol/L(10⁻³ mmol/L, 10⁻⁶ mol/L)

mg/L	NAA	2,4-D	IAA	IBA	BA	KT	ZT	2ip	GA₃
1	5.371	4.524	5.708	4.921	4.439	4.647	4.561	4.920	2.887
2	10.741	9.048	11.417	9.841	8.879	9.293	9.122	9.840	5.774
3	16.112	13.572	17.125	14.762	13.318	13.940	13.683	14.760	8.661
4	21.482	18.096	22.834	19.682	17.757	18.586	18.244	19.680	11.548
5	26.853	22.620	28.542	24.603	22.197	23.233	22.805	24.600	14.435
6	32.223	27.144	34.250	29.523	26.636	27.880	27.366	29.520	17.322
7	37.594	31.668	39.959	34.444	31.075	32.526	31.927	31.440	20.210
8	42.964	36.192	45.667	39.364	35.514	37.173	36.488	39.360	23.096
9	48.335	40.716	51.376	44.285	39.954	41.820	41.049	44.280	25.984

B. μmol/L → mg/L

μmol/L(10⁻³ mmol/L, 10⁻⁶ mol/L)

mg/L	NAA	2,4-D	IAA	IBA	BA	KT	ZT	2ip	GA₃
1	0.1862	0.2210	0.1752	0.2032	0.2253	0.2152	0.2192	0.2032	0.3464
2	0.3724	0.4421	0.3504	0.4064	0.4505	0.4304	0.4384	0.4064	0.6927
3	0.5586	0.6631	0.5255	0.6094	0.6758	0.6456	0.6567	0.6996	1.0391
4	0.7448	0.8842	0.7008	0.8128	0.9010	0.8608	0.8788	0.8128	1.3855
5	0.9310	1.1052	0.8759	1.0160	1.1263	1.0761	1.0960	1.0016	1.7319
6	1.1172	1.3262	1.0511	1.2192	1.3516	1.2913	1.3152	1.2190	2.0728
7	1.3034	1.5473	1.2263	1.4224	1.5768	1.5065	1.5344	1.4224	2.4246
8	1.4896	1.7683	1.4014	1.6256	1.8021	1.7217	1.7536	1.6256	2.7712
9	1.6758	1.9894	1.5768	1.8288	2.0273	1.9369	1.9728		3.1176

参 考 文 献

[1] 程文广.名优花卉组织培养技术.北京:科学技术文献出版社,2001

[2] 李云.林果花菜组织培养快速育苗技术.北京:中国林业出版社,2001

[3] 李浚明.植物组织培养教程.北京:中国农业大学出版社,2002

[4] 潘瑞炽.植物组织培养.广州:广东高等教育出版社,2000

[5] 曹孜义等.实用植物组织培养教程.兰州:甘肃科学技术出版社,2000

[6] 巩振辉,申书兴.植物组织培养.北京:化学工业出版社,2007

[7] 谭文澄,戴策刚等.观赏植物组织培养.北京:中国林业出版社,2000

[8] 孙敬三,朱至清.植物细胞工程实验技术.北京:化学工业出版社,2006

[9] 陈振光.园艺植物离体培养学.北京:中国农业出版社,2001

[10] 刘庆昌,吴国良.植物细胞组织培养.北京:中国农业大学出版社,2003

[11] 杨增海.园艺植物组织培养.北京:中国农业出版社,1987

[12] 刘进平,莫饶.热带植物组织培养.北京:科学出版社,2006

[13] 吴殿星,胡繁荣.植物组织培养.上海:上海交通大学出

版社,2004

[14] 利荣千,王明全.植物组织培养简明教程.湖北:武汉大学出版社,2004

[15] 熊丽,吴丽芳.观赏花卉的组织培养与大规模生产.北京:化学工业出版社,2004

[16] 陈正华.木本植物组织培养及其应用.北京:高等教育出版社,1986

[17] 颜敬昌等.植物组织培养手册.上海:上海科学技术出版社,2001